AKADEMIE DER WISSENSCHAFTEN DER DDR

Veröffentlichungen des Forschungsbereichs
Kosmische Physik

Herausgegeben von H.-J. Treder

HEFT 2

Entwicklungstendenzen der Geographie

(am Beispiel des Geographischen Instituts der AdW)

AKADEMIE-VERLAG · BERLIN

1973

Erschienen im Akademie-Verlag GmbH, 108 Berlin, Leipziger Straße 3–4

Lizenznummer: 202 · 100/562/73
Gesamtherstellung: VEB Druckhaus „Maxim Gorki", 74 Altenburg
Bestell-Nr.: 761 757 7 (2156/2) · ES 15 B
4,–
Printed in German Democratic Republic

INHALT

WANDLUNGEN IM GEGENSTAND UND IN DER METHODE DER GEOGRAPHIE

in Beziehung zur Entwicklung des Geographischen Instituts der Akademie der Wissenschaften der DDR[1])

Von Edgar Lehmann

Fragen der Entwicklung eines einzelnen wissenschaftlichen Instituts oder einer bestimmten Fachrichtung können ohne Einbindung in die Wissenschafts- und Gesellschaftsentwicklung weder gestellt noch beantwortet werden. Das gilt für die Geographie nicht weniger als für die Physik, Mathematik und andere Natur- und Gesellschaftswissenschaften — insbesondere in einer Zeit, in der das Eingreifen neuer Denkmöglichkeiten die Beziehungen zum Vergangenen zum Überprüfen anregt. Nichts ist verständlich ohne Geschichte. Wir sind im Rahmen einer knappen Skizze zur zeitlichen und inhaltlichen Eingrenzung gezwungen. Engen wir unsere Thematik im wesentlichen auf die letzten 20 Jahre, in einigen Fällen auf die Zeit vor dem II. Weltkrieg ein und behandeln wir einleitend folgende Vorfrage: Beschränkt sich der Wandel geographischer Arbeitsweise allein auf die Anwendung neuer Methoden oder hat sich die Geographie zusammen mit der Anwendung neuer Methoden und technischer Verfahren auch einer grundsätzlich neuen Denkart zugewendet? Können sich zum Beispiel durch die Abbildung von Fakten und Relationen in Modellen und durch die Erarbeitung von Systemen, die dem Forschungsgegenstand der Geographie analog sind, neue Zielfunktionen der Forschung ergeben?

[1]) Anmerkung der Redaktion: Die nachfolgenden Ausführungen waren Inhalt einer Ansprache, die Prof. Dr. phil. habil. Dr.-Ing. E. h. Edgar Lehmann anläßlich seiner feierlichen Entpflichtung von den Aufgaben als Direktor des Geographischen Instituts der AdW am 9. 6. 1970 hielt. Der Dank, den er allen Mitarbeitern in individueller Weise aussprach, sowie die persönlichen Dankesworte, die er an den amtierenden Präsidenten Akm. Prof. Dr. E. A. Lauter, an den Leiter des Forschungsbereiches „Kosmische Physik", dem das Geographische Institut der AdW eingegliedert ist, Akm. Prof. Dr. H.-J. Treder, an die Vertreter verwandter Institute und das Ökonomische Forschungsinstitut der Staatlichen Plankommission richtete, wurden hier fortgelassen. Die Veranstaltung, zu der zahlreiche Fachkollegen Prof. Lehmanns aus den verschiedensten Institutionen unserer Republik und allen Universitätssektionen für Geographie sowie eine Reihe von Akademiemitgliedern erschienen waren, war getragen durch Ansprachen von Akm. Prof. Dr. E. A. Lauter, von Akm. Prof. Dr. H.-J. Treder, von Dr. F. Grimm als Leiter der Gewerkschaft des Geographischen Instituts der AdW, von Dr. H. Lüdemann als neuberufenem Direktor, durch das hier zum Abdruck gelangende Referat von Prof. Dr. E. Lehmann sowie durch eine musikalische Umrahmung seitens eines Gewandhausquartetts.

Auswirkung der kybernetischen Systemtheorie und neuer technischer Verfahren auf den Arbeitsbereich des Geographischen Instituts

Um die Antwort sogleich vorwegzunehmen: Die Möglichkeiten, die die elektronische Datenverarbeitung heute bietet, werden zweifellos durch die notwendige Voraussetzung, Programme in einer mathematisch manipulierbaren Sprache aufzustellen, die Durchschlagskraft geographischer Arbeiten infolge der wesentlich erhöhten Vergleichbarkeit ihrer Untersuchungsergebnisse mit denen anderer, an der Lösung eines zentralen Problems, etwa der Gebietsplanung, beteiligten Wissenschaften steigern und überdies die Transformation von Ergebnissen geographischer Komplexuntersuchungen in eine der ökonomischen Bewertung zugänglichen Form erleichtern. Die Einbeziehung der Informationstheorie und der kybernetischen Systemtheorie in den geographischen Arbeitsbereich kann und wird selbstverständlich viel für die Entwicklung einer Wissenschaft bedeuten, die es mit einem hochkomplizierten, aus vielen Teilsystemen bestehenden System der Wechselwirkung zwischen der Gesellschaft, der Wirtschaft und der natürlichen Umwelt zu tun hat.

Kann aber solch eine Entwicklung — das ist die Frage — als ein wirklicher Einschnitt in die Geschichte des Instituts und der Geographie überhaupt angesehen werden? Das Streben von etwas weg, nämlich von Vorstellungen, die aus der klassischen Epoche der Geographie bis in unsere Zeit hineinragen, ist auch ganz unabhängig von den von der Kybernetik zur Verfügung gestellten Begriffssystemen nachweisbar. Wir wenden uns heute von einer geistigen Haltung ab, die sich mit Teillösungen zufrieden gibt und dem selbstverständlich immer anzuwendenden kausalen Denken einen zu großen Raum in der Schritt um Schritt zu vollziehenden Wandlung auf eine territoriale Strukturforschung hin einräumt. Die Vielseitigkeit der Gesichtspunkte, unter denen Geographen wie A. v. HUMBOLDT, CARL RITTER, RICHTHOFEN, HETTNER, PASSARGE, ALBRECHT PENCK, KREBS, SCHMITTHENNER und andere ihre regionalgeographischen und allgemein-geographischen Arbeiten vorantrieben, ist nicht zu unterschätzen, sondern hervorzuheben. Untersuchungen des Formenschatzes, des Klimas oder der Pflanzenwelt verstanden sich, von der Analyse zur Synthese fortschreitend, durchaus als Beiträge zur Erfassung kleiner oder größerer Räume, aus deren Zusammenhang heraus sie entstanden und gesehen sein wollten. Aber sie waren mehr an einem Idealbild des Faches selbst orientiert, aus dem heraus bewertet wurde, was geographisch relevant ist oder nicht, als an dem Ziel, neue Grundlagen für eine wissenschaftlich umfassende Beherrschung der von der Wirtschaft und Gesellschaft ausgelösten Wandlungen in der natürlichen wie in der künstlichen, vom Menschen selbst geschaffenen Umwelt zu gewinnen. In diesem, auch in anderen Wissenschaften zu beobachtenden Trend, auf den im geographischen Fachbereich besonders D. BARTELS [1] hinwies, kommt eine Standortveränderung der Geographie zum Ausdruck. Sie zeichnet sich als wesentlicher Einschnitt in der Arbeitsrichtung des ehemaligen

Deutschen Instituts für Länderkunde ab. Sie gibt sich als Triebkraft in der seit vielen Jahren vorbereiteten, am 1. 1. 1968 erfolgten Umwandlung des Deutschen Instituts für Länderkunde in ein Forschungsinstitut, in das „Geographische Institut der Akademie der Wissenschaften" zu erkennen. Diese bedeutende Zäsur in der Entwicklung einer zentralen Wissenschaftsinstitution der Geographie ist selbstverständlich auch durch die im letzten Jahrzehnt mit großer Temposteigerung sich verändernde Umwelt ausgelöst worden. Sie bedeutet nicht nur das Streben von etwas weg, sondern zugleich das Streben zu etwas hin, nämlich zur Erkenntnis eines Systems, das die Übersicht über die Verbindung vieler seiner Glieder und Funktionen und die Bestimmung ihrer Veränderungen erlaubt. Es rückt das Interesse an räumlichen Modellen als Hilfsmittel der Darstellung von Systemen, nicht als direktes Forschungsobjekt, in den Vordergrund. Ich weise in diesem Zusammenhang insbesondere auf die Arbeiten Hans Richters [6] über das Modell des Geo-Komplexes. Ursächlich-erklärende Methoden, die innerhalb eines Problemkreises, z. B. bei der Genese der Landformen oder in anderen einzelwissenschaftlichen Subbereichen der Geographie zur Anwendung gelangen, werden ergänzt, zum Teil völlig ersetzt durch vergleichend-erläuternde Methoden. Die Systematik einzelner Teildisziplinen der Geographie wie der Morphologie, der Klima-, Pflanzen- und Bodengeographie, der Siedlungs-, Bevölkerungs-, Landwirtschafts- und Industriegeographie wird quer durchstoßen, um wesentliche Relationen der von den Teildisziplinen untersuchten Elemente, die für die räumliche Struktur bestimmend sind, in den Griff zu bekommen. Der Schwerpunkt der Forschung verschiebt sich von der Herausarbeitung der räumlich dinglichen Erscheinungen, denen heute wie ehedem eine wichtige Bedeutung zuzumessen ist, auf eine Untersuchungsebene, in der die Ordnungsprinzipien, die Baupläne, die Systemzusammenhänge eines geographischen Raumauschnittes im Mittelpunkt stehen. Auf die Wechselbeziehungen, auf die Korrelationen zwischen den so verschiedenartigen Landschaftsbildnern mit dem Menschen als Dominante kommt es in einer Art Wiederergreifen älterer, früher mit notwendig unzureichenden Mitteln angegangener Forschungsprobleme an.

Es ist bemerkenswert, aber wissenschaftshistorisch eigentlich nicht überraschend: Trotz aller Wandlungen methodischer und gegenständlicher Art kommt die Eigenständigkeit der geographischen Arbeits- und Denkweise auf ihrem Wege in die Zukunft nicht schwächer, sondern sogar schärfer zum Ausdruck.

Möglichkeiten und Grenzen der Erfüllung der wissenschaftlichen Hauptaufgabe des ehemaligen Deutschen Instituts für Länderkunde

Die Geographie war immer Strukturforschung, seit jenem zurückliegenden Stadium, in dem ein A. v. Humboldt und Carl Ritter mittels der Beschreibung räumliche Zusammenhänge mit den Methoden ihrer Zeit enthüllten, bis in unsere

Gegenwart, in der es methodisch überhaupt erst möglich wurde, an die Lösung komplizierter, raumrelevanter Strukturprobleme heranzugehen, weil partiell, zum Beispiel im Rahmen der Landschaftsökologie, oder innerhalb der ökonomischen Geographie durch das intensive Studium der Auswirkung von Industrie, Bevölkerung und Gesellschaft auf das Territorium, besonders in den Ballungsgebieten, von der Theorie her wichtige Grundlagen für die Erfassung von Inhalt und Funktion der Landesstruktur erarbeitet wurden. Um die Linien bloßzulegen, die zu dem heutigen Reifepunkt führten, müßten die letzten Jahrzehnte geographischer Arbeit unter dem Aspekt untersucht werden, wie eine mehr einzelwissenschaftliche Sicht, wie sie z. B. für die Geomorphologie charakteristisch ist, durch immer tiefer greifende Untersuchungen bestimmter Partialkomplexe der Natur oder Wirtschaft abgelöst wurde. Das aber würde hier gewiß zu weit führen. Es muß genügen, im Blick auf die Entwicklung der Geographie der DDR auf die grundlegenden physisch-geographischen Arbeiten von Ernst Neef sowie Günter Haase, Karl Herz, Heinz Kliewe, Hans Richter, Gerhard Schmidt und auf die starken Impulse hinzuweisen, die von den Arbeiten führender Ökonom-Geographen wie Heinz Sanke, Horst Kohl, Heinz Lüdemann, Gerhard Mohs und Gerhard Schmidt-Renner ausgingen. Die theoretischen Grundanschauungen dieser Fachvertreter fanden in der verschiedensten Weise Eingang in die Forschungsarbeiten einer großen Zahl von Arbeiten, insbesondere von Bruno Benthien, Günter Jacob, Hans-Joachim Kramm, Walter Roubitschek und Alfred Zimm, die sich methodisch oder in der Originalität der speziellen Fragestellung heraushoben. Für die Beantwortung der uns hier interessierenden Frage nach dem Entwicklungsgang des heutigen Geographischen Instituts der AdW als Spiegel und Repräsentant wenigstens jener charakteristischen Denkprinzipien, die sich im Rahmen der Geographie aus der Veränderung der gesellschaftlichen, technischen, wirtschaftlichen und kulturellen Situation ergaben, müssen wir etwas weiter zurückgreifen. Ein knapper historischer Überblick ist notwendig.

Das ehemalige Institut für Länderkunde, das 1892 von dem Vulkanologen und Geographen Alphons Stübel als „Museum für Länderkunde" gegründet wurde, hatte sich zur Aufgabe gestellt, „alle Züge des geographischen Weltbildes" in vergleichender Betrachtung über den ganzen Erdraum hin darzustellen. Der fruchtbare Gedanke Alphons Stübels, der auch heute noch durchaus tragend ist, eine vergleichende allgemeine Länderkunde vor das Auge des Betrachters zu rücken, blieb für den um die Entwicklung des Instituts höchst verdienten Rudolf Reinhard, der im Jahre 1927 zum Direktor berufen wurde, wie für seine Nachfolger allerdings ein Ziel, dem man sich nur schrittweise in einer methodisch gegenüber der Zeit Stübels stark veränderten Weise annähern konnte. Das Ziel blieb, die Gesichtspunkte, unter denen es angestrebt wurde, wandelten sich. Die Gedanken, von denen sich Rudolf Reinhard leiten ließ, spiegeln die geographische Arbeits- und Denkweise der Zeit vor dem II. Weltkriege. Die Originalität seines Schaffens lag darin, daß er die Veranschaulichung raumgebundener Erkenntnisse durch die Ausrichtung mehrerer Anschauungsmittel wie der Karte, des Photos, des Reliefs und des Modells auf ein und dasselbe Thema zu erreichen suchte. Das einzelne

Exponat an sich, so wertvoll und anregend auch sein Informationsgehalt zu sein pflegt, erhält seine Bedeutung und seine einheitliche Aussagekraft erst in einem Ensemble miteinander in engster Beziehung stehender Schauobjekte. Das ist der interessante, immer wieder ansprechende Kernpunkt in der seinerzeitigen Konzeption des Instituts.

Es war nichts als eine Handlung gründlich erwogener Konsequenz, wenn wir, das heißt Dipl.-Geogr. H. ARNOLD, Dr. H. MÜNNICH und der Verfasser, nach dem zweiten Weltkrieg in den völligen äußeren und inneren Neuaufbau des Instituts den von RUDOLF REINHARD aufgezeigten Weg visueller Veranschaulichung als eines unserer Anliegen mit einschlossen und im Einklang mit den gesellschaftlichen Erfordernissen und dem Trend der geographischen Wissenschaftsentwicklung weiterzuentwickeln suchten. Das fand einen klaren Ausdruck sowohl im Aufbau einer ständigen, auch gegenwärtig weiter zu entwickelnden geographischen Ausstellung wie in großangelegten Spezialausstellungen über die Volksrepublik China, über die Gestaltung unserer Siedlungen und Fluren unter historisch-genetischer und perspektivischer Sicht (Ausstellung „Dörfer und Städte"), über Stand und Entwicklung der Kartographie (Ausstellung „Die Landkarte") und über die durch die chemische Großindustrie verursachte Entwicklung der Siedlung, der Bevölkerung und der Naturressourcen im Raum um Leuna, an der in erster Linie Dipl.-Geogr. BENEDICT und Dr. GRIMM entscheidend mitwirkten (Ausstellung „Chemieindustrie und geographischer Raum"). Aber wenn auch jedem Stück der Ausstellung ein Stellenwert im Rahmen des Ganzen zugewiesen ist, wenn auch eine möglichst lebendige Verknüpfung mit der Gegenwart, d. h. mit den Forderungen des Sozialismus insbesondere an die Wissenschaft, angestrebt wurde, wenn auch mit Erfolg versucht wurde, an die Stelle eines isolierten Punktwissens, das ja viele bedeutende museale Sammlungen zu charakterisieren pflegt, „ein Museum der Ideen", nämlich der Zusammenhänge zugeordneter, gezielt und eigens zu diesem Zweck bearbeiteter Darstellungsobjekte zu setzen, so wird doch der kritische Punkt eines solchen Bemühens um so deutlicher sichtbar, je tiefdringender versucht wird, regionalgeographische Probleme zu behandeln. Die schriftlichen, durchaus ernst zu nehmenden Beurteilungen unserer Ausstellungen hätten uns allerdings kaum veranlassen können, zunächst einmal mit den Arbeiten in unserer Museumsabteilung innezuhalten. Es liegen sehr positive Stellungnahmen seitens hervorragender Geographen aus aller Welt vor, die die Arbeiten der Abteilung „Museum" wie der übrigen Abteilungen des Instituts wie z. B. die der Physisch-geographischen Forschungsabteilung, der Geographischen Zentralbibliothek, der Abteilung Dokumentation, der Abteilung Kartographie, der Abteilung Photoarchiv sowie der Abteilung Forscherarchiv persönlich kennenlernten. Aber alle international basierte Anerkennung und auch die von O. SCHMIEDER [7] für Westdeutschland 1969 erneut geforderte Einrichtung eines Instituts für Länderkunde konnten nicht darüber hinwegtäuschen, daß in geradezu beunruhigender Weise die Grenze sichtbar wurde, die unseren Bemühungen gesetzt war. Gewiß, — es gelang uns, das dynamische Hinüberwirken des Geschichtlichen in das gegenwärtige Leben und umgekehrt des Neuen, des Revolutionären in das Traditionelle ohne Überakzentuierung, aber auf festem wissenschaftlichen Fundament herauszuarbeiten. Aber der theoretische Standpunkt, von dem wir uns leiten ließen, war ja durch den Begriff der Geographie als Wissenschaft bestimmt. Und in dieser Wissenschaft zeichnete sich ein schneller Wandel der Methoden und, was viel wichtiger ist, seit etwa einem Dutzend Jahren, auch ein Wandel der Fragestellung ab, die ja im Grund das Wesen einer Wissenschaft prägt. Das alles rührte an Grundsätzliches, ja an das im geistigen Sinne Existentielle unserer gesamten Institutsarbeit.

Erste Ansatzpunkte für eine Veränderung der wissenschaftlichen Aufgabenstellung

In den erwähnten Spezialausstellungen wie vor allem in dem am 23. November 1957 abgeschlossenen Neuaufbau der Abteilung „Museum“ (Ständige Museumsschau) des ehemaligen Deutschen Instituts für Länderkunde konnten wir zwar den Zugriff zu dem, was das Wesen eines Länderraumes prägt, in immer stärkerem Ausmaß auf bestimmte typenhafte Züge aus der Entwicklung der Gesellschaft oder der Physis einengen. Es konnten auf solche Weise physisch-geographische Gesetzmäßigkeiten ebenso aufgezeigt werden wie jene Kräfte, die die Wandlungen der gesellschaftlichen Anschauungen und der Wirtschaftsordnungen bewirken. Aber besonders die Arbeit an den Spezialausstellungen bestärkte uns in der Ansicht, daß der Ansatzpunkt zu effektiver regionalgeographischer Arbeit auf eine ganz andere, neue Basis gestellt werden müßte, wenn wir im engen Kontakt mit dem schnellen Fortschritt der Natur- und Gesellschaftswissenschaften erfolgreich weiterarbeiten wollten.

Die Zeit nach der Eröffnung der ständigen Ausstellungsabteilung, die Jahre 1958 bis 1968, steht daher bereits im Zeichen einer in der Stille, aber in wachsendem Maße betriebenen Veränderung der Gesamtkonzeption der Institutsarbeit. Die visuell-konkrete Auffassungsweise, die uns in der ersten Etappe unserer Arbeit leitete, d. h. geographische Merkmale bildlich in ihrer Konstitution zu repräsentieren, wird ergänzt und in mancher Hinsicht völlig abgelöst durch den Aspekt auf die Disposition der Landschaftsfaktoren. Das setzte das Eindringen in die Bildungsgesetze kleiner Raumeinheiten und ihrer Wirkungen voraus, um erst von dort her, durch ihre Integration in größere Räume, auf die Bearbeitung von Problemen in der regionalen Dimension vorzustoßen. Diese andere Verfahrensweise fand zunächst Ausdruck in der erwähnten, in besonderem Ausmaß von Herrn Dipl.-Geogr. Benedict und Dr. Grimm erarbeiteten Ausstellung über die Chemieindustrie und ihre Auswirkungen im Gebiet um Leuna. Zum anderen aber wurde eine eigene Forschungsgruppe gebildet, die ganz unabhängig von der übrigens immer durch wissenschaftliche Originalarbeiten gekennzeichneten Museumsarbeit sich Problemen des Wasserhaushalts zuwandte. Es sollte die Gültigkeit allgemeiner hydrologischer Einsichten in einem Testgebiet durch differenzierte Untersuchungen des Bodensubstrats einschließlich des Bodenfeuchteregimes, des oberirdischen Abflusses in Abhängigkeit vom Niederschlag und anderen Wasserhaushaltsfaktoren, der Flächennutzung und ihrer Ertragsleistung und der Vegetationsdecke als variabler Größe im Abflußverhalten und im Wasserhaushalt überprüft werden. Wir wählten das Oschatzer Land als Repräsentativraum, in dem eine Kerngruppe des Instituts tätig war und ist, bestehend aus den Herren Dr. HUBRICH als Forschungsgruppenleiter zusammen mit Dr. GRIMM, Dr. KRÖNERT, Dr. SCHLÜTER und einer Reihe technischer Mitarbeiter. Diese relativ kleine Gruppe sucht das Zusammenwirken der Landschaftselemente im Komplex durch Typenbildungen zu erfassen. Die fruchtbare Kategorie des Typus soll helfen, die Verallgemeinerung der Ergebnisse durch Extrapolation zu erzielen.

Diese Forschungen können durch enge Verbindung mit einer im vergangenen Jahr aufgestellten, wesentlich stärkeren, mehr ökonomisch-geographisch gerichteten Forschungsgruppe des Instituts, die unter der Leitung von Dr. HAASE steht, leicht auf jene breitere Basis gestellt werden, die notwendig ist, um das Institut in einer in Zukunft anzustrebenden Kooperation mit den Forschungsgruppen anderer Institute, zum Beispiel mit der unter der Leitung von Prof. E. NEEF stehenden Arbeitsgruppe der Sächsischen Akademie der Wissenschaften „Naturhaushalt und Gebietscharakter“ und mit dem von Prof. L. BAUER geleiteten Institut für Landeskultur und Landschaftspflege an der Bearbeitung des Problemkomplexes „Mensch und Umwelt“, d. h. an der Herstellung und Sicherung tragbarer, gesunder Beziehungen zwischen dem Arbeiten, Wohnen, Transportieren und Erholen auf der einen Seite und den natürlichen Umweltbedingungen auf der anderen Seite, zu beteiligen.

Dieser notwendig knappe Hinweis auf einen Ausschnitt aus dem Gang der Institutsarbeit in Richtung auf eine Neuorientierung seiner Problembezogenheit, in die von allen Seiten, nicht zuletzt auch von der Akademie für Landwirtschaftswissenschaften durch ihren Herrn Vizepräsidenten, Prof. EHWALD, viele Anregungen einflossen, sollte verdeutlichen, warum, spätestens seit 1960, die spezifische Arbeitsweise des seinerzeitigen Instituts für Länderkunde allmählich geändert wurde. Die gedanklichen Ansätze, regionale Aufgaben in anderer Weise in Angriff zu nehmen als es bisher im Rahmen der zu präziser Konkretisierung zwingenden Arbeit mit spezifischen Karten, Modellen und Reliefs in der Abteilung Museum geschah, liegen in der Einsicht begründet, daß ein effektiver Beitrag zum gesellschaftlichen Fortschritt nicht von den länderkundlichen Gegenständen her erzielt werden kann, d. h. von einem sachkategorial von anderen Disziplinen scharf abgesetzten Fachstandort aus, sondern — über die Analyse visuell faßbarer Zusammenhänge der Umwelt weit hinausgehend — durch eine Integrierung der spezifisch geographischen Arbeitsweise in räumlich, gesellschaftlich-politisch und historisch bedingte Probleme. Die Veränderung der Aufgabenstellung, die uns veranlaßte, die Arbeit an der Abteilung Museum stark zu verringern, ist nicht als Verzicht auf spezifisch regionalgeographische Ziele aufzufassen. Im Gegenteil, die vom Institut durch das Medium von Ausstellungen regionalgeographischer Art hochgehaltene und buchstäblich zur Schau getragene Absicht, die Umwelt in ihrer engen Verbindung mit dem Menschen zu sehen, soll und wird von einem neuen wissenschaftlichen Standort aus zu einem späteren Zeitpunkt in neuer Form verwirklicht werden müssen.

Dieser andere neue Standort ist im übrigen nicht als Punkt, sondern als eine breite Forschungsfront zu verstehen, in die sich das „Geographische Institut der AdW" als ein wichtiges Glied einfügt. Es gilt, das Studium der Beziehungen zwischen Mensch und Umwelt, von dem sich die Geographie in einer methodischen, klärenden Zwischenperiode in Wahrheit immer mehr entfernt hat, auf einer ganz neuen Grundlage fortzusetzen. Die Schnelligkeit der Umweltveränderungen in der Periode der technisch-wissenschaftlichen Revolution im Zusammenhang mit dem Aufbau und der Entwicklung des Sozialismus hat das über viele Wissenschaften greifende Problem der Umweltforschung als eine dringend zu lösende Gemeinschaftsaufgabe jüngst in den Mittelpunkt des öffentlichen Interesses gerückt. Das vor der Volkskammer von dem Stellvertreter des Vorsitzenden des Ministerrates Dr. W. Titel [8] begründete und in der gleichen Sitzung der Volkskammer am 14. Mai 1970 beschlossene „Gesetz über die planmäßige Gestaltung der sozialistischen Landeskultur in der Deutschen Demokratischen Republik" wird in Wort und Schrift in allen Kreisen der Bevölkerung in seiner gesellschaftlichen Bedeutung und Notwendigkeit lebhaft erörtert. Die erklärende Erfassung individueller regionaler Sachverhalte, die in der Geographie durch die Analyse von Prozeßbeziehungen innerhalb bestimmter Sachgruppen gleichsam geübt wurde, erweist sich gegenwärtig als eine glänzende methodische Vorschule und Voraussetzung, um sich an der Bearbeitung des hochkomplexen Systems „Mensch und Umwelt" mit mannigfaltigen Spezialerfahrungen zu beteiligen.

Konzentration auf Probleme der territorialen Strukturforschung

Die Zeit ist in unseren Tagen überhaupt erst reif geworden für das Ergreifen dieses Problemkreises, weil die durch die moderne Rechentechnik ermöglichte Bewältigung einer riesigen heterogenen Stoffmenge einer entsprechenden inneren Wandlung der Geographie — durchaus im Gleichschritt mit anderen, raumbezogen arbeitenden Natur- und Gesellschaftswissenschaften — begegnet. Die Wissenschaften haben wie die Kunst, wie das Leben überhaupt, ihre eigene Zeitrechnung. Qualitative Veränderungen, qualitative Sprünge vollziehen sich auch in der Geographie nicht plötzlich — und sie werden auch nicht sogleich erkannt. Die Akademiereform, die mit ähnlichen Bestrebungen wissenschaftsorganisatorischer Art an den Hochschulen parallel läuft und ein tiefgreifendes, die wissenschaftliche Problemstellung durchaus beeinflussendes Umdenkungsverfahren darstellt, wirkt sich dabei auf das Arbeitsfeld des Geographischen Instituts wie ein Katalysator aus. Angelpunkt ist es, im interdisziplinären Bereich den effektivsten Ansatz geographischer Arbeits- und Denkweise für die Konzentration aller Kräfte auf bestimmte Probleme der territorialen Forschung zu nutzen.

Die Gunst der Stunde aber liegt darin, daß das spezifisch geographische Denken in einer engeren Relevanz zu Fragen der perspektivischen Organisation des Territoriums steht als irgend ein anderes einzelwissenschaftliches Denken, das sich selbstverständlich auch mit räumlichen Zusammenhängen und Synthesen beschäftigt. Dort, wo spezielle Natur- oder Gesellschaftswissenschaften auf Grund ihrer rein physikalischen oder rein ökonomischen oder auf die Psyche oder das Sozialwesen gerichteten Untersuchungen vor der Erfassung bestimmter Züge territorialer Phänomene und Ordnungen gleichsam haltmachen, gerade dort setzt die Arbeit der Geographie mit der Herausarbeitung territorialer Typen verschiedensten Inhaltes und Ausmaßes an. Dies bedeutet nicht, die Ergebnisse sachlicher Beobachtungen, auf die die Geographie selbst durch eigene originale Beiträge besonders in den Bereichen der Landschaftsökologie und der Industrie- und Bevölkerungsgeographie größten Wert legt, territorialen Sammelbegriffen zu unterstellen. Dies heißt vielmehr, territoriale Probleme im Rahmen solcher Ordnungssysteme zu behandeln, die es ermöglichen, von der Analyse der in Partialkomplexen wirkenden, nachhaltig die territoriale Struktur beeinflussenden Prozesse zur Erfassung des zu steuernden Trends ihrer Entwicklung vorzustoßen. Auch hier zeigt es sich: Der Einzug des kybernetischen Denkens und der Kurzschrift der Mathematik in die Bereiche der Geographie ist nicht weniger, aber auch nicht mehr als ein Hilfsmittel, um eine ausgesprochene, heute verfeinerte und durch Rationalisierung potenzierte Prozeßforschung mit bedeutend höherer Effektivität fortzusetzen. Geographisch gerichtete Untersuchungen beginnen heute wie seit der Zeit, als es überhaupt eine wissenschaftliche Geographie gab, mit den möglichst in Messungen von Eigenschaften und Größen niederzulegenden Beobachtungen und Beschreibungen. An ihrem Ende aber werden praktisch und planerisch verwendbare Aussagen über die Änderungen von raumrelevanten Kenngrößen erwartet. In dieser Tendenz gibt sich schärfer als in vergangener Zeit, in der physiognomisch gerichtete Arbeitsweisen im Vordergrunde standen, der Wandel in der interdisziplinären Stellung des Geographischen Instituts der AdW wie verwandter Institute der Geographie zu erkennen. Um dies verständlich zu machen, sei nochmals auf die erste Etappe in der Entwicklung des Instituts zurückgeblickt, das übrigens nur in dem bekannten Geographischen Museum der Lomonossow-Universität in Moskau und in einer ähnlichen ständigen Ausstellung der Geographical Society der USA in Washington ein Gegenstück hat. Bedeutende Geographen wie Albrecht Penck hatten in der Zeit vor und nach dem ersten Weltkrieg in der Lehre wie in der Forschung die Beobachtung als Grundlage der Erkenntnis herausgestellt und die Geographie als das Studium der Erdoberfläche und ihrer dinglichen Erfüllung definiert. Die Form wurde als Ausdruck der Substanz aufgefaßt. Die räumliche Verteilung und Anordnung wurde im wesentlichen als Gestaltphänomen untersucht, um unter solch primärem Aspekt zur Erkenntnis der

Gesetzmäßigkeit bestimmter Prozesse in der Bildung von Landformen, aber auch der Böden, der Flußnetze oder der Siedlung, der Bevölkerung, der industriellen oder landwirtschaftlichen Nutzung vorzudringen. Darum auch waren genetische Verfahren vorherrschend. Quantitative Veränderungen wurden registriert, ohne daß quantitativen Methoden ein besonderer Wert beigemessen wurde, wenn auch hierfür sehr interessante Ansatzpunkte gerade in ALBRECHT PENCKS Arbeiten zu finden sind. Auch als NORBERT KREBS [4] 1930 seinen bekannten Aufsatz über „Maß und Zahl in der physischen Geographie" in der Gedächtnisschrift für den um die mathematisch-geographische Arbeit sehr verdienten HERMANN WAGNER schrieb, ging es ihm in erster Linie darum, das Studium geometrischer Elemente im Rahmen der Geographie, insbesondere der Morphographie und Morphologie anzuregen. Es handelte sich nicht um die mathematische Verbegrifflichung sinnfälliger Erscheinungen der Umwelt. Erst in der Gegenwart wird die unmittelbare Sichtbarkeit der Gestaltenwelt durch eine mittelbare, ziffernmäßig-abstrakte Begrifflichkeit überdeckt, aber gerade dadurch in ihrer Realitätsbedeutung erheblich gesteigert. Dies gilt insbesondere für die stark gestiegene Anzahl geographischer Untersuchungen, die funktionale Probleme behandeln. Die Ablösung genetischer Verfahren, die noch bei der Erarbeitung unserer Ausstellungsexponate eine große Rolle spielten, durch funktionale Methoden war es, die wesentlich dazu beigetragen hat, geographische Probleme quantitativ zu behandeln. Und dies wiederum eröffnete den Weg zu einer wesentlich erhöhten volkswirtschaftlichen Manipulierbarkeit der Ergebnisse raumzeitlicher Strukturanalysen im Sinne der von GERASSIMOW [9] so genannten „Konstruktiven Geographie". Der geographische Raum wird nicht nur als Gewordenes, sondern vor allem als Werdendes, als Raum gesellschaftlicher, wirtschaftlicher und natürlicher Entwicklung mit dem Menschen als politisch bestimmender, in sozialistische oder kapitalistische Produktionsverhältnisse eingegliederter Dominante behandelt. Man könnte auch mit dem amerikanischen Geographen BRIAN J. L. BERRY [2] sagen, daß der räumliche Gesichtspunkt verschiedene Seiten hat. Man könnte, wie er und andere es getan haben, eine geographische Matrix aufstellen, in der jeder einzelnen Tatsache ein bestimmter Platz zugewiesen ist, etwa so, daß in Reihen die räumlichen Wandlungen eines Charakteristikums, mithin die Kovariationen und Assoziationen bestimmter Fakten sichtbar werden, während in den Kolumnen die Ergebnisse der lokalen Untersuchung verschiedener Charakteristica zum Ausdruck gelangen. Diese theoretische Annäherung an territoriale Strukturanalysen mit dem generellen Arbeitsziel, Kennwerte zu erarbeiten, die als Zahlenwerte in prognostische Arbeiten eingehen und zugleich im Sinne einer allgemeinen Grundlagenforschung Überblicke über größere Gebiete, d. h. über Regionen, von einem festen theoretischen Standort aus ermöglichen, hat manche Ähnlichkeit, aber keinesfalls Identität, mit der Anwendung des Prinzips der Komplementarität im Bereich der Physik. Der gleiche Gegenstand, d. h. ein Raumausschnitt, wird auf bestimmte Wertegruppen hin, etwa Nutzungsformen, oder hinsichtlich der Agglomeration von Bevölkerung und Industrie, vielschichtig, also unter verschiedenen Fragestellungen behandelt. Die einzelnen Merkmalsgruppen, z. B. die Böden oder die Siedlungsformen oder auch die industriellen Standorte folgen in der horizontalen Verbreitung bestimmten Gesetzen. Geltungsfestsetzungen der gesetzmäßigen Aussagen sind daher ein wichtiger Arbeitsgang in regionalen Untersuchungen.

Beispiel für den Wandel im Gegenstand und in der Methode der Institutsarbeit

Der skizzierte Wandel im Gegenstand und in der Methode der Geographie zeichnet sich im gegenwärtigen Stadium der Institutsentwicklung in einer Weise ab, die konkret und am kürzesten durch folgendes Beispiel gekennzeichnet ist. Bei einem umfänglichen Literaturstudium, an dem sich im Jahre 1969 die überwiegende Mehrzahl der Wissenschaftler des Instituts mit dem Ziele von Trendbestimmungen beteiligte, kam es darauf an, die in den jeweiligen Strukturen angelegten Spannungen zu erkennen, aus denen ja die in ihnen vorsichgehenden, raumrelevanten Prozesse erst resultieren. Die territorialen Veränderungstendenzen waren zu erfassen. Dieses Ziel löst in Zukunft die schwierige Aufgabe aus, jegliche Erscheinungsgruppe, zum Beispiel die Pendelwanderung, in Zusammenhang mit allen anderen Erscheinungen der sozialräumlichen Mobilität differenziert und praxiswirksam auf verschiedenen Ebenen gesetzmäßigen Wirkens zu untersuchen.[1]) Nichts Geringeres soll durch den Einsatz des Geographischen Instituts in der Raumforschung erzielt werden als ein Beitrag zur optimalen Gestaltung der Raumzeit-Relation, — als ein Beitrag, die territoriale Effektivität aller Teilprozesse im gesellschaftlichen System des Sozialismus zu erhöhen. Die durch die schnelle Entwicklung der Technik und Wissenschaft ausgelöste wachsende Standortsdisponibilität, d. h. die größere Freizügigkeit in der Standortswahl des Produzierens und des Wohnens, macht die Lösung solcher komplizierter Aufgaben notwendig wie die, die in der Volkswirtschaft angestrebte territoriale Konzentration der Produktivkräfte in jeder Hinsicht optimal — nicht nur hinsichtlich des ökonomischen Ertrages — über den Raum der DDR in Form von Konzentrationspunkten und Konzentrationsgebieten zu verteilen. Diese Aufgabe ist notwendig verbunden mit jener anderen Aufgabe, die nur beispielhaft und schlagwortartig durch den Hinweis auf tiefgreifende Veränderungen in unserem gesamten Siedlungswesen gekennzeichnet ist. Der Beitrag des Geographischen Instituts der AdW zur Lösung dieser Problematik läuft darauf hinaus, unmittelbar an der Entwicklung des einheitlichen Prozesses der sozialistischen, sich wechselseitig durchdringenden Arbeits- und Lebensbedingungen im Territorium mitzuwirken, das heißt: mitzuwirken an der Steuerung von Vorgängen, die tief in das Leben jedes Bürgers eingreifen und überdies auf Grund von Milliardenaufwänden nur langfristig zu verwirklichen sind. Auf dem Wege zu solchen Zielen liegt auch die Mitarbeit an der sinnvollen Gestal-

[1]) Siehe auch D. Klingbeil [3].

tung der Umwelt im Sinne des Landeskulturgesetzes, die Überwindung mannigfacher disharmonischer Rückstände aus der kapitalistischen Zeit sowie der ständig wachsenden Störung der Umweltbedingungen besonders durch extreme Verunreinigung der Luft und des Oberflächenwassers.

Die erwähnten, unter Leitung von Dr. G. HAASE in Angriff genommenen Forschungsaufgaben, die sich um die prognostische Erkenntnis von Veränderungen der Flächennutzung des Territoriums als Kernproblem bewegen, sind als Vorstufe für die Kennzeichnung von Bedingungen anzusehen, die zu schaffen sind, um ganz bestimmte, gewollte, in übergreifenden Teil-Volkswirtschaftsplänen vorgegebene lokale und regionale Veränderungen auszulösen. Diese Forschungen wären nicht notwendig, wenn sich ökonomische und gesellschaftliche Gesetzmäßigkeiten, an deren allgemeiner Gültigkeit kein Zweifel besteht, nicht unter den realen territorialen Bedingungen als Quasigesetze erweisen würden. Das Neue ist nicht ein Abweichen von dem alten Ziel geographischer Strukturforschung, sei es mittels absoluter Messungen oder relativer Vergleiche oder beider Verfahren, sondern eine Änderung der Denkweise. Es gibt kein universelles Rezept für die optimale Ordnung des Raumes. Aber es ist möglich, ein sehr umfängliches Faktenmaterial unter dem Aspekt einer vorgegebenen gesellschaftlichen und wirtschaftlichen Zielrichtung zu sichten und durch die Aufdeckung von Widersprüchen in seiner Bedeutung für die Erreichung territorialer Planungsziele zu bewerten. Das Wesentliche, das Neue ist die Einordnung von Funktionsargumenten in ein System, das beispielsweise das Ablesen des Druckes erlaubt, den eine bestimmte Funktion territorial erzeugt. Die aus sachlich verschiedenen Funktionsbereichen zu bildenden Teilsysteme, die ein territoriales Gesamtsystem zusammensetzen, müssen durch den leichten Zugriff zu den einzelnen, möglichst quantitativ zu bestimmenden Elementen, die sie kennzeichnen, an heute noch nicht vorausschaubare Verhältnisse leicht anpaßbar sein! Ein solches territoriales Gesamtsystem darf daher keineswegs starr sein, — es muß der sozialistischen Gesellschaftsform entsprechend als ein flexibles System von größtmöglicher Variabilität entwickelt werden. Im Unterschied zu den bisherigen Etappen in der Institutsentwicklung wie in der Geographie selbst wird allmählich im weiteren Fortgang der Arbeiten an die Stelle der Klassifikation, die nur Hilfsmittel zur Gewinnung von Übersichten sein kann, das Denken in Systemen gesetzt werden, deren Elemente ineinandergreifen und sich gegenseitig stützen, — und nicht nur aus meßbaren Konstanten und Variablen, sondern auch aus situationsgemäßen, zum Teil aus der Tradition oder anderen, nicht meßbaren Aktions- und Reaktionsformen bestehen.

Ein zweites Beispiel für den Wandel im Gegenstand und in der Methode der Institutsarbeit wie der geographischen Wissenschaft überhaupt sei dem physischen Bereich entnommen. Hier steht in der bereits erwähnten, unter der Leitung von Dr. HUBRICH arbeitenden Gruppe in dem Test-Arbeitsgebiet des Oschatzer Landes als Hauptaufgabe an, aus Untersuchungen über den Wasserhaushalt Erkenntnisse über Veränderungen des Naturraumes unter ökonomischer Fragestellung zu gewinnen. Die Gruppe nähert sich diesem Ziel durch die Untersuchung des im gegenwärtigen Landschaftszustand verborgenen Leistungspotentials. Sie arbeitet zunächst ökologisch kennzeichnende Teilkomplexe heraus. Sie stützt sich hierbei auf die Analyse allgemeingültiger Merkmale wie die Bodenformen (Dr. HUBRICH), den oberirdischen Abfluß in Abhängigkeit vom Niederschlagsgang und andere Wasserhaushaltsfaktoren (Dr. GRIMM), die landwirtschaftliche Flächennutzung und ihre Ertragsleistung (Dr. KRÖNERT) und die Vegetationsdecke als variable Größe im Abflußverhalten und im Wasserhaushalt (Dr. SCHLÜTER). Bei der Bildung charakteristischer Typen im Rahmen der landschaftsökologisch gerichteten Forschungen des Instituts, etwa von Typen des Bodenfeuchteregimes oder des Bodensubstrats, wird von der Korrelation von Merkmalen und Merkmalsgruppen bis zur Herausarbeitung ökologischer Teilkomplexe vorgeschritten. Das Nahziel des speziellen Forschungsauftrages besteht u. a. darin, Kriterien zur hydrologischen Klassifizierung von Bodenformen zu gewinnen. Der Akzent liegt auf der Erarbeitungsmethode, die verallgemeinerungsfähig sein muß. Aber über diese Aufgaben hinaus, deren Lösung zur aktuellen Steuerung des Wasserdargebotes beitragen soll, können die hier laufenden physisch-geographischen Forschungen und das reiche, durch sie aufgeschlossene, im Gelände wie im Labor erarbeitete Material wesentliche Unterlagen für die multivalente Bearbeitung weit umfassenderer Themenstellungen liefern, zum Beispiel auch für die vielschichtige Problematik, die gegenwärtig unter der Schlagwortverbindung „Mensch und Umwelt“ geläufig geworden ist. Das Wesentlichste beim Schutz der Natur ist die Komplexität aller Maßnahmen, die mit der praktischen Durchführung des Landeskulturgesetzes zusammenhängen. Das aber heißt im Sinne unseres Gedankenganges: Orientierung auf das Gesamtsystem der Organisation des Territoriums. Das heißt: Anwendung von Daten und Kriterien, die von der Territorialforschung erarbeitet werden, auf die Beurteilung von Elementen des Naturpotentials und ihrer Belastbarkeit. Diese Problemstellung ist wiederum engstens mit Problemen der ökonomischen Territorialstruktur, insbesondere der Flächennutzung, einem der derzeitigen Hauptanliegen in der Institutsarbeit, verbunden. Ohne die Berücksichtigung der Veränderungen in der natürlichen ebenso wie der künstlichen, vom Menschen selbst geschaffenen Umwelt und ohne die Kenntnis der langfristigen, z. T. irreversiblen Wirkungen, die sie hervorrufen, ist das System der Organisation des Territoriums nicht optimal funktionsfähig. „Die Werte der deutschen Heimat“, denen sich das Institut in seiner Dresdner Außenstelle in Form einer gleichnamigen Publikationsreihe unter Leitung von Dr. ZÜHLKE widmet, sind gefährdet. Riesige Mengen verschiedenster, z. T. bisher nicht genutzter oder unbekannter Stoffe sind bekanntlich in den Wirtschaftskreislauf einbezogen und verändern Wasser, Luft und Boden. Das nehmen wir jeden Tag besonders in den Ballungsgebieten wahr. Aber solch eine subjektive Wahrnehmung ist ja keinesfalls dem Erkennen der hinter den schädigenden Vorgängen wirkenden, nur visionär und intuitiv erahnten Fakten gleichzusetzen, wie es oft im Schrifttum, besonders in der Tagespresse zum Ausdruck kommt. Die Aufgaben, zu denen ein Geographisches Institut der Akademie durch das Landeskulturgesetz geradezu provoziert wird, laufen auf die Aufforderung hinaus, an der theoretischen Fundierung einer dynamischen, wachstums- und regenerationsfähigen Struktur der Umwelt mitzuarbeiten, das heißt zusammen mit anderen Wissenschaften und Instituten zu ermitteln und zu erkennen, was ist, um zu wissen, was zu tun ist. Die Geographie bringt zur interdisziplinären Bewältigung auch dieser Aufgabe einige für alle an diesem Problemkreis „Mensch-Umwelt“ mitarbeitenden, so verschiedenartigen Wissenschaften wesentliche Voraussetzungen mit, was insbesondere Ernst Neef in einigen grundlegenden Arbeiten gerade in letzter Zeit unter Beweis stellte.

Die Frage nach der Umwelt des Menschen, die Frage nach ihrem vieldeutigen Wesen und nach ihren Grenzbedingungen hat zu allen Zeiten die Geographie beschäftigt. Die Frage wurde eigentlich erst schärfer gestellt seit dem Zeitpunkt, als einerseits durch die atmosphärischen Erdumkreisungen vielen Millionen von Menschen, nicht zuletzt durch ausgezeichnete Photos, zum Greifen deutlich wurde, daß in der dünnen Oberflächenhaut der Erde der Ablauf der gesamten Natur- und Menschengeschichte enthalten ist. Auf der anderen Seite wurde das Umweltproblem zu einem vordergründig technischen Problem, an dessen Endlösung die von Anbeginn mehr als fragwürdige Befreiung von allen ursprünglichen Umweltbedingungen stehen sollte. Es wird indessen viel erreicht sein, wenn an die Stelle unserer heutigen Territorialstruktur eine stark veränderte, in jeder Hinsicht ständig regenerationsfähige Umwelt gesetzt sein wird. Nur mittels der Auffassung der Umwelt als eines aus vielen gesellschaftlichen und physischen Einzelstrukturen bestehenden Gesamtsystems sind einzelne, in saubere Kausalketten auflösbare physikalische Sachverhalte oder bestimmte, in einzelnen artspezifischen Räumen wirksamen Ökosysteme und ganz besonders die mit physikalischen Methoden nicht faßbaren gesellschaftlichen und ökonomischen Sachverhalte in ihrer Umweltstellung, in ihrer Umweltfunktion und damit zugleich in ihrer Störanfälligkeit und Steuerungsmöglichkeit in den Griff zu bekommen. Hier, in einem solchen System, könnte auch die medizinische Geographie, für deren Förderung durch das Institut erste, zunächst nicht weiterentwickelte Ansätze durch wichtige bibliographische Arbeiten Helmut Arnholds gefunden wurden, im Sinne der Ablaufsteuerung durchaus raumrelevanter Krankheits- bzw. Seuchenvorgänge aktiviert werden.

Das Verhältnis von Abstraktion und Veranschaulichung in der Institutsarbeit

In der Geographie wird der Fortschritt nicht durch Erfindung einer neuen Technik angeregt — wie z. B. in der Chemie, in der die Auffindung der Chromatographie radikale Änderungen in der biochemischen Forschung verursachte. In der Geographie sind es die lokalen und regionalen Veränderungen des Verhältnisses der durch die Produktionsverhältnisse und die Technik insgesamt geformten Gesellschaft zu ihrer Umwelt, die einen Wechsel in den Methoden und Wandlungen im Schwerpunkt ihres Aufgabenfeldes herbeiführen. Jede Aktion im Raum erzeugt im System der räumlichen Funktionen eine oft viele andere Faktoren beeinflussende Veränderung. Sie ist ökonomisch zu bewerten. Ernst Neef [5] hat, praktisch nicht weniger bedeutsam als theoretisch, einen Weg gezeigt, auf dem das entscheidende Problem der Transformation von Naturgrößen in ökonomische Größen gelöst werden kann.

Zusammenfassend läßt sich folgendes sagen: Eine Analyse sehr vieler, verschiedener und auf sehr verschiedene Weise erkannter Fakten kann nicht zum absoluten Erkennen des Phänomens „Mensch-Umwelt" führen, sondern immer nur zur Richtungsbestimmung des nächsten Abschnittes einer von planerischen Aspekten geleiteten Territorialforschung. Nach allen Seiten hin muß das geographische Denken offengehalten werden, es muß in Modellen und Systemen so variabel angelegt sein, daß es ermöglicht wird, jede neue Erkenntnis mit einer älteren zu vergleichen, notfalls auszutauschen und in die Sicht eines ständig zu kontrollierenden Raum-Zeit-Prozesses zu stellen.

Diese Kontrolle kann durch die Anwendung der Kartographie als Forschungs- und Darstellungsmittel wesentlich erleichtert werden. Immer spielte die Kartographie eine nicht zu unterschätzende Rolle in der Institutsarbeit — zunächst im Museumsbereich mit Originalkarten spezieller Art, dann als wesentlicher, mitunter tragender Bestandteil unserer weit verbreiteten „Wissenschaftlichen Veröffentlichungen"[1]), ferner als wichtiges Glied in der Arbeit unserer Forschungsgruppen und nicht zuletzt in der Form der Mitarbeit, der Konzeption und dirigistischen Verantwortung des großangelegten „Atlas DDR", an dessen Betreuung E. Benedict in sehr anerkennenswerter Weise beteiligt ist. Der noch viel zu kleinen kartographischen Arbeitsgruppe des Instituts, die ihre hohe Funktionsfähigkeit dank der Tüchtigkeit ihrer Mitarbeiter vielfältig unter Beweis stellte, harren noch große Aufgaben — insbesondere auf dem Gebiet der Kartometrie im Speziellen, im Allgemeinen aber in Richtung auf die Schöpfung neuer, dem Wesensinhalt moderner geographischer Strukturforschung adäquater Veranschaulichungsformen. Eine engste, fruchtbare Zusammenarbeit mit dem VEB Hermann Haack, mit seinem Direktor, M. Weiss, mit dem Chefredaktenr Dr. Habel, mit Dr. Ogrissek und dem Leiter seines Werkteiles Leipzig, Herrn Till, mit dem Ministerium des Innern, insbesondere mit Herrn Dr. Haack, mit dem unter Leitung von Oberingenieur E. Lehmann stehenden „Kartographischen Dienst Potsdam" und nicht zuletzt mit der Sektion Geodäsie und Kartographie der Technischen Universität Dresden, das heißt mit Prof. Pillewizer und seinen Mitarbeitern — eine enge, fruchtbare Zusammenarbeit mit diesen Instituten und Persönlichkeiten wird vom Institut wie in der Vergangenheit so auch in der Zukunft nachhaltig und immer erneut anzustreben sein. Denn der Verlust an Anschaulichkeit, der mit jeder Abstraktion verbunden ist, muß durch den Gewinn einer neuartigen Anschaulichkeit aufgewogen werden. Entwicklungen in der thematischen Kartographie pflegen schon seit der Renaissance mit Entwicklungen der Geographie und der Kunst parallel zu laufen. Das rein physiognomische Erkennen ist in der

[1]) Seit Neubegründung der „Wi Vö" durch den Verfasser im Jahre 1952 erschienen unter seiner Herausgeberschaft bis 1970 (meist in Form von Doppelbänden) 28 Bände.

modernen Geographie ebenso eingeschränkt wie in anderen Raumwissenschaften und in der Kunst. Zureichende, umfassende, von Subjektivität freie Beurteilungen irgend eines territorialen Phänomens sind ohne Abstraktion weder in der Geographie noch in der Kartographie möglich. Die Geographie erfaßt Strukturen, die Kartographie aber versucht, diese doch abstrakten Gebilde graphisch darzustellen.

Die Wandlungen der Methoden und des Aufgabenfeldes der Geographie vollziehen sich im Rahmen einer mit ihr ungefähr gleichzeitigen Veränderung der Bild- und Weltauffassung, die sich gegenwärtig in den oft dem Geist der Zeit kühn voranstürmenden Werken der Kunst vielleicht am sinnfälligsten spiegelt. An die Stelle zentralperspektivisch-angelegter Gemälde sind in der künstlerischen Darstellung längst mit Anschauung gefüllte Gedankenbilder getreten! Abstrakte menschliche Weltanschauung und abstraktes menschliches Ordnungsdenken drängen dazu, den Standpunkt des Menschen in dieser Welt anschaulich zu gestalten. Das Ineinander von Aufsicht und Ansicht bestimmt in steigendem Maße das Blickfeld des modernen Kunstbetrachters. Das ist in der modernen Geographie und Kartographie im Grund nicht wesentlich anders. Jede einzelne Tatsache hat im Koordinatensystem einer Matrix einen festen Platz, durch den ihre Mehrdeutigkeit und inhaltliche Vielschichtigkeit veranschaulicht wird. Ein Vergleich mit dem Sternenbild mag dies verdeutlichen. Da werden zoomorphe Gestalten, ein Widder zum Beispiel für das gleichnamige Sternbild, zu Hilfe genommen, um die Abstraktion in lebendige Figuren zurückzuübersetzen. Das Geographische Institut der AdW hat sich in einer relativ kurzen Zeitspanne von beschreibend-analytischen und darstellerisch-synthetischen Aufgaben der Bearbeitung von Aufgaben zugewendet, hinter denen die Auffassung wirkt, daß sich das Territorium durch ununterbrochenes Zusammenwirken aller seiner Bestandteile laufend weiterentwickelt. Nicht die Zielrichtung, die sich schon immer im Grunde als Strukturforschung erwies, sondern die Ausgangspunkte und die spezifischen Hauptaufgaben haben sich verändert.

Geographie ist immer regionale Forschung gewesen. Ihr Beitrag zur Grundlagenforschung wird aber nicht zur vollen Auswirkung gelangen können, wenn sie sich nur auf das eigene Staatsgebiet konzentriert. Der wirkliche Fortschritt jener Territorialforschungen, denen sich das Geographische Institut wie andere geographische Institutionen unserer Republik verschrieben haben, ist in vollem Ausmaß nur dann zu erreichen, wenn Vergleichsforschungen in anderen Erdräumen durchgeführt werden. Es ist eine durch schwere Schädigungen bereits teuer errungene Erfahrung, daß die industriellen, landwirtschaftlichen oder medizinischen Verfahren, die in unseren hochentwickelten Gebieten erarbeitet und erprobt sind, an die Bedingungen fremder, insbesondere tropischer und subtropischer Länder angepaßt werden müssen. Untersuchungen solcher Art wirken befruchtend zurück auf die im eigenen Territorium anstehenden Probleme. Sie sind ohne die Beteiligung der Geographen nicht optimal lösbar. Vergessen wir auch nicht, daß die Kraft und die Regsamkeit eines Menschen — und wohl insbesondere eines Geographen — in eben dem Grade wächst, in welchem sich der Kreis des Lebens — und das ist wiederum auch und zugleich durchaus räumlich zu verstehen — erweitert.

Literatur

[1] BARTELS, D., Die Zukunft der Geographie als Problem ihrer Standortbestimmung. Geogr. Z. **56** (1968) S. 124 ff.

[2] BRYAN J. L. BERRY, Approaches to regional analysis: a synthesis. Ann. of the Association of Am. Geogr. **54** (1964) S. 2 ff.

[3] KLINGBEIL, D., Zur sozialgeographischen Theorie und Erfassung des täglichen Berufslebens. Geogr. Z. **57** (1969) S. 108 ff.

[4] KREBS, N., Maß und Zahl in der physischen Geographie. Petermanns Geogr. Mitt., Erg.-Heft 209 (1930) S. 9 ff.

[5] NEEF, E., Anwendung und Theorie in der Geographie. Petermanns Geogr. Mitt. 111 (1967) S. 200 ff.

[6] RICHTER, H., Beitrag zum Modell des Geokomplexes. In: Landschaftsforschung (E. NEEF zum 60. Geburtstag). Petermanns Geogr. Mitt., Erg.-Heft 271 (1968), S. 39 ff.

[7] SCHMIEDER, O., Probleme der Länderkunde im Spiegel der Kritik. Geogr. Z. **57** (1969) S. 39.

[8] TITEL, W., Sinnvolle Gestaltung unserer Umwelt für den Menschen. Neues Deutschland, 15. Mai 1970, S. 4.

[9] GERASSIMOV, I. P., Die Wissenschaft von der Biosphäre und ihrer Umgestaltung. Konstruktive Richtungen des heutigen geographischen Denkens. Petermanns Geogr. Mitt. 113 (1969) S. 49 ff.

AUFGABEN UND ZIELE DES GEOGRAPHISCHEN INSTITUTS DER AKADEMIE DER WISSENSCHAFTEN DER DDR

im Lichte zukünftiger Entwicklungstendenzen der geographischen Forschung in der DDR[1])

Von HEINZ LÜDEMANN

Die grundlegenden gesellschaftlichen Veränderungen, die während mehr als zwei Jahrzehnten in der Deutschen Demokratischen Republik unter Führung der Arbeiterklasse und ihrer marxistisch-leninistischen Partei herbeigeführt wurden, waren auch für die Geographie höchst bedeutsam. Sie vollzog einen Entwicklungsprozeß, in dem alles positive Gedankengut solcher hervorragenden Geographen der deutschen Vergangenheit wie A. v. HUMBOLDT, F. v. RICHTHOFEN, A. PENCK und anderen bewahrt, für unsere Zeit fruchtbar gemacht und weitergeführt wurde. Zugleich überwand sie auf der Grundlage des Marxismus-Leninismus konsequent alle antihumanistischen und unserem sozialistischen Gesellschaftssystem feindlichen Auffassungen in der bürgerlichen Geographie. Im Ergebnis dessen erhielt die Geographie in der DDR für immer einen fortschrittlichen, zutiefst humanistischen Inhalt, wurde sie zu einer Wissenschaft, die zur allseitigen Entwicklung sozialistischer Persönlichkeiten wesentlich beiträgt. Insbesondere im letzten Jahrzehnt nahm unsere Wissenschaft in verstärktem Maße darauf Kurs, daß sie als Teil der Produktivkraft Wissenschaft durch praxiswirksame Forschungsergebnisse unmittelbar wirksam wird.

Zu den Persönlichkeiten, die diese Entwicklung der Geographie in der DDR mit klarem Blick für die gesellschaftlichen Erfordernisse, durchdrungen vom zutiefst humanistischen Anliegen der Wissenschaft und mit hoher wissenschaftlicher Befähigung entscheidend prägten, gehört der langjährige Direktor unseres Instituts, das Ordentliche Mitglied der Akademie der Wissenschaften der DDR, Professor Dr. EDGAR LEHMANN. Wenn er nunmehr von der Leitung des Geographischen Instituts der Akademie zurücktritt, dann gilt ihm mein besonderer Dank für all das, was er für unser Institut bisher getan hat. Leitung und Mitarbeiter des Geographischen Instituts werden sich bemühen, durch wissenschaftliche Leistungen zu beweisen, daß sein Werk weitergeführt wird und neue Früchte trägt.

1) Überarbeitete Ansprache des Verfassers, die er anläßlich seiner Amtseinführung als Direktor des Geographischen Instituts der Akademie der Wissenschaften der DDR am 13. Juni 1970 gehalten hat. Der Verfasser dankt G. HAASE für wertvolle Anregungen und Hinweise.

Wie in der Vergangenheit wird auch in Zukunft die Entwicklung des Geographischen Instituts der Akademie der Wissenschaften untrennbar mit dem gesamten Fortschritt unserer Disziplin in der DDR verknüpft sein. Nur aus dieser Sicht ist es möglich, hier einige Gedanken zu den Aufgaben und Zielen der künftigen Arbeit unseres Instituts zu äußern.

Die Feststellung Bernals (1961, S. 28), der allgemeine Fortschritt der Wissenschaft habe sich dadurch ergeben, „... daß in erster Linie die Lösung solcher Probleme angestrebt wurde, die sich aus aktuellen ökonomischen Bedürfnissen ergaben, und erst in zweiter Linie die Lösung solcher Probleme, die früheren wissenschaftlichen Gedankengängen entsprangen", hat auch für die weitere Entwicklung der Geographie in der DDR grundsätzliche Bedeutung.

Unter sozialistischen Bedingungen, wo erstmals eine prinzipielle Interessenübereinstimmung zwischen der herrschenden Klasse und dem ganzen Volk besteht, sollte in diesem Zusammenhang besser von den *gesellschaftlichen* Bedürfnissen, deren Kernstück selbstverständlich die ökonomischen Bedürfnisse sind, gesprochen werden. In diesem Sinne leiten sich die durch die Geographie zu lösenden wissenschaftlichen Aufgaben vor allem aus den Bedürfnissen der weiteren Gestaltung der entwickelten sozialistischen Gesellschaft in der DDR ab.

Auf lange Sicht gesehen wird die Geographie in der DDR — und damit auch das Geographische Institut der Akademie — für ihre Aufgabenstellung vor allem drei Aspekte im Auge haben müssen, die untereinander in engen Wechselbeziehungen stehen:

a) Zum ersten ist es notwendig, durch wissenschaftlich gehaltvolle und praxisverbundene Forschungsergebnisse der Geographie zur Gestaltung einer solchen territorialen Struktur des gesellschaftlichen Reproduktionsprozesses in der DDR beizutragen, die für die weitere Verbesserung der Arbeits- und Lebensbedingungen der Menschen und für die Erhöhung der Effektivität der Produktion günstig ist. Dadurch leistet die geographische Forschung einen Beitrag für die wissenschaftliche Fundierung der langfristigen Planung und der weiteren prognostischen Arbeit auf dem Gebiet der Territorialstruktur, insbesondere der Standortverteilung der Produktivkräfte (vgl. u. a. Roos/Lüdemann, 1964; Sanke, 1968; Lüdemann, 1969; Lüdemann, 1969).

b) Zum zweiten kann und muß die Geographie durch ihre Forschungsergebnisse wesentliche Beiträge zur Gestaltung der natürlichen Umwelt und zum wirksamen Schutz der Natur erbringen. Diese Forschungsarbeiten dienen vor allem der Schaffung wissenschaftlicher Grundlagen für die Erhaltung, Verbesserung und effektive Nutzung der natürlichen Produktions- und Lebensgrundlagen der Gesellschaft sowie der Verschönerung unserer sozialistischen Heimat. Die Geographie trägt damit aktiv zur Verwirklichung des Landeskulturgesetzes bei (vgl. Landeskulturgesetz, 1970).

c) Nicht zuletzt hat die Geographie auch künftig bedeutende Bildungs- und Erziehungsaufgaben bei der Entwicklung allseitig gebildeter Persönlichkeiten zu erfüllen. Das stellt vor allem große Anforderungen an die Geographen an

Universitäten und Hochschulen und erfordert zugleich eine breite Entfaltung der Öffentlichkeitsarbeit der Geographie (vgl. u. a. Sanke, 1968; Lehmann, 1970).

Da das Hauptfeld der Forschungsarbeit des Geographischen Instituts der Akademie der Wissenschaften der DDR auf den beiden zuerst genannten Aspekten liegt, sollen die weiteren Ausführungen darauf konzentriert werden.

Die weitere Entwicklung der geographischen Forschung in der DDR und in ihrem Rahmen auch die des Geographischen Instituts der Akademie der Wissenschaften findet in den Beschlüssen des VIII. Parteitages der SED ihre entscheidende Grundlage. Von besonderer Bedeutung für richtige Forschungsansätze ist die klare Bestimmung der Hauptaufgabe des Fünfjahrplanes 1971 bis 1975, zu der es in der Direktive zum Fünfjahrplan heißt:

> „Die Hauptaufgabe des Fünfjahrplanes besteht in der weiteren Erhöhung des materiellen und kulturellen Lebensniveaus des Volkes auf der Grundlage eines hohen Entwicklungstempos der sozialistischen Produktion, der Erhöhung der Effektivität, des wissenschaftlich-technischen Fortschritts und des Wachstums der Arbeitsproduktivität."
> (Dokumente des VIII. Parteitages der SED, 1971, S. 48—49).

Wie der Erste Sekretär des Zentralkomitees der SED, Erich Honecker, betonte, wird mit dieser Hauptaufgabe ein ganzes wirtschafts-politisches Programm umrissen. Er hob besonders hervor:

> „Für unsere Gesellschaft ist die Wirtschaft Mittel zum Zweck, Mittel zur immer besseren Befriedigung der wachsenden materiellen und kulturellen Bedürfnisse des werktätigen Volkes."
> (Honecker, 1971, S. 39).

Aus dieser Orientierung des VIII. Parteitages der SED ergibt sich, daß viele Aspekte der geographischen Forschung auf der Grundlage der bisherigen wissenschaftlichen Erkenntnisse neu durchdacht werden müssen.

Seit etwa zehn Jahren hat sich die geographische Forschung in der DDR zum bedeutenden Teil darauf konzentriert, zur Schaffung wissenschaftlicher Grundlagen für die planmäßige Gestaltung einer rationellen territorialen Struktur des gesellschaftlichen Reproduktionsprozesses in unserer sozialistischen Gesellschaft beizutragen. Dabei konnten beachtliche wissenschaftliche Ergebnisse erzielt werden, die als eine Grundlage für praktische Entscheidungen zur langfristigen Entwicklung der Territorialstruktur dienten. Das betrifft zum Beispiel Forschungen zur Entwicklung der industriellen Ballungsgebiete in der DDR, Untersuchungen zu den in bedeutendem Maße durch Land- und Nahrungsgüterwirtschaft geprägten Gebieten vor allem im Norden der DDR und Forschungen zu den wissenschaftlichen Grundlagen der wirtschaftsräumlichen Gliederung unserer Republik. Diese Orientierung der geographischen Forschung auf die Schaffung wissenschaftlicher Grundlagen für die Lösung praktischer Probleme der Gestaltung der territorialen Struktur des gesellschaftlichen Reproduktionsprozesses hat sich insgesamt bewährt. Sie führte nicht nur zu Resultaten der Forschung, die für die gesellschaftliche Praxis von Bedeutung sind, sondern gab gleichzeitig der Weiterentwicklung der Geographie selbst außerordentlich wichtige Impulse, insbesondere auf dem Gebiet der Theorie und der Methodologie.

Die Orientierung des VIII. Parteitages der SED macht es erforderlich, auf der Grundlage der bisherigen wissenschaftlichen Erkenntnisse die geographische Forschung weiter zu entwickeln. Dabei geht es häufig nicht in erster Linie um die wissenschaftliche Bearbeitung neuer Forschungsthemen; die Art und Weise der Untersuchungen zu bereits in Angriff genommenen Forschungsaufgaben wird aber sehr oft vielfältige Veränderungen erfahren müssen.

Wenn in den Beschlüssen des VIII. Parteitages die Verbesserung des materiellen und kulturellen Lebensniveaus des Volkes als Ziel aller Bemühungen unserer sozialistischen Gesellschaft hervorgehoben wird, dann muß die Geographie in ihren künftigen Forschungen gerade den Problemen besonderes Augenmerk widmen, die vom Aspekt der territorialen Entwicklung her den stärksten Einfluß auf die Arbeits- und Lebensbedingungen der Werktätigen unserer Republik ausüben.

Die langfristige Entwicklung einer territorialen Struktur des gesellschaftlichen Reproduktionsprozesses, die den Erfordernissen der sozialistischen Gesellschaft entspricht, ist letztlich darauf gerichtet, in allen Teilen des Landes das materielle und kulturelle Lebensniveau der Menschen weiter zu erhöhen und noch bessere Voraussetzungen für ihre Gesundheit und ihr Wohlbefinden zu schaffen. Dazu müssen die aus einer rationellen Organisation des Territoriums resultierenden Effekte als Wachstumsfaktor für die Erhöhung des Nationaleinkommens realisiert und gleichzeitig eine rationelle und störungsfreie Nutzung der natürlichen Produktions- und Lebensgrundlagen der Gesellschaft gewährleistet werden. In diesem Sinne ist die Entwicklung der territorialen Struktur des gesellschaftlichen Reproduktionsprozesses eine sehr wesentliche Seite der Gestaltung der Umwelt des Menschen — der natürlichen wie der gebauten Umwelt — in der sozialistischen Gesellschaft.

Durch verschiedene Autoren (vgl. u. a. MOHS, 1967; RICHTER, 1970; STUBBE, 1970) wurde besonders hervorgehoben, daß das Territorium außerordentlich komplex und vielschichtig aufzufassen ist. In der Wirklichkeit sind vor allem folgende Hauptkomponenten der territorialen Organisation des gesellschaftlichen Produktionsprozesses eng miteinander verflochten: Produktion, Lebensweise der Menschen und Naturhaushalt. Dabei tritt ein außerordentlich kompliziertes Netz von Beziehungen in den einzelnen Hauptkomponenten und zwischen ihnen in Erscheinung. Obwohl die Beziehungen innerhalb dieser drei Hauptkomponenten bei weitem noch nicht voll erforscht sind und in der gesellschaftlichen Praxis häufig nur unvollkommen beherrscht werden, sind hier doch schon relativ fortgeschrittene wissenschaftliche Erkenntnisse und praktische Erfahrungen vorhanden.

Das betrifft Beziehungen im Territorium

— zwischen den Zweigen und Bereichen der Produktion einschließlich der Forschung und Entwicklung (z. B. die optimale und störungsfreie Verflechtung

von Betrieben verschiedener Industriezweige, von Industrie und Landwirtschaft, von Produktions- und Forschungszentren);
- zwischen den einzelnen Seiten der sozialistischen Lebensweise der Menschen und den dazu notwendigen Einrichtungen der technischen und sozialen Infrastruktur (z. B. eine ökonomisch effektive und für das Leben der Menschen günstige Verknüpfung solcher Bedürfniskomplexe wie Arbeiten, Wohnen, Erholen, Bilden u. a.);
- zwischen den Teilsystemen des Naturhaushalts, insbesondere unter dem Gesichtspunkt der Erhaltung der Regenerationsfähigkeit des Naturpotentials im Interesse der Gesellschaft und damit der Sicherung eines relativ stabilen Gleichgewichts des Naturhaushalts (Wechselbeziehungen zwischen Hydrosphäre, Atmosphäre und Pedosphäre sowie deren Beziehungen zu den biotischen Komponenten).

Weit komplizierter, aber auch noch bedeutungsvoller ist die Aufdeckung der Beziehungen *zwischen* diesen Hauptkomponenten, also zwischen Produktion und Lebensbedingungen, Produktion und Naturhaushalt sowie Lebensbedingungen und Naturhaushalt. Das ist eine wesentliche Voraussetzung für eine solche Gestaltung der Territorialstruktur als Ganzes, die den Erfordernissen der entwickelten sozialistischen Gesellschaft entspricht. Bei der Erforschung dieser Fragen steht die Wissenschaft noch ganz am Anfang. Vielfältige Vorlauf- und Grundlagenforschungen sind dazu dringend notwendig, weil es in großem Umfang ungelöste Grundfragen gibt, die bis zu philosophischen und wissenschaftstheoretischen Fragen reichen.

Aus der Vielzahl seien nur kurz zwei Probleme angedeutet. Die oben genannten Hauptkomponenten unterliegen qualitativ verschiedenen Gesetzmäßigkeiten ihrer Entwicklung (gesellschaftlichen, insbesondere ökonomischen Gesetzen zum einen, Naturgesetzen zum anderen). Daraus leitet sich die Notwendigkeit ab, durch integrierte Forschung von gesellschafts- und naturwissenschaftlichen Disziplinen das Zusammenwirken qualitativ unterschiedlicher Gesetzmäßigkeiten zu erforschen. Das muß konsequent auf marxistisch-leninistischer Grundlage erfolgen, um zu vermeiden, daß gesellschaftliche und Naturgesetze prinzipienlos miteinander vermengt werden, wie das zum Beispiel durch den geographischen Determinismus bürgerlicher Prägung erfolgt.

Ferner sind auch unterschiedliche Bewertungskriterien vorhanden (ökonomische, soziologische, ökologische u. a.). Daraus leitet sich die Notwendigkeit ab, Möglichkeiten und Grenzen der Verknüpfung verschiedener Bewertungskriterien unter dem Gesichtspunkt des Ziels der sozialistischen Gesellschaft zu erforschen.

Jede einseitige Verabsolutierung bestimmter Seiten der Territorialstruktur und der Aufgaben der sie erforschenden Disziplinen sollten vermieden werden. So erhält zum Beispiel die physisch-geographische Forschung ebenso wie die auf ökonomisch-geographischem Gebiet ihre wichtigste Orientierung aus gesellschaftlichen, speziell auch ökonomischen Bedürfnissen unserer Gesellschaft und nicht aus Aspekten der reinen Naturerkenntnis. Es wäre aber völlig falsch, daraus einen eng ökonomistischen Standpunkt abzuleiten. Das hieße außer acht lassen, worauf ENGELS bereits hinwies, wenn er schrieb: „Schmeicheln wir uns ... nicht zu sehr mit unsern menschlichen Siegen über die Natur. Für jeden solchen Sieg rächt sie sich an uns. Jeder hat in erster Linie zwar Folgen, auf die wir gerechnet, aber in zweiter und dritter Linie hat er ganz andre, unvorhergesehene Wirkungen, die nur zu oft jene ersten Folgen wieder aufheben ... Und so werden wir mit jedem Schritt daran erinnert, daß wir keineswegs die Natur beherrschen, wie ein Eroberer ein fremdes Volk beherrscht, wie jemand, der außer der Natur steht — sondern daß wir mit Fleisch und Blut und Hirn ihr angehören und mitten in ihr stehn, und daß unsre ganze Herrschaft über sie darin besteht, im Vorzug vor allen andern Geschöpfen ihre Gesetze zu erkennen und richtig anwenden zu können" (ENGELS, S. 190—191).

Die Schaffung praxiswirksamer wissenschaftlicher Grundlagen für eine rationelle Territorialstruktur und die Erfordernisse der sozialistischen Landeskultur erfordert das Zusammenwirken vieler wissenschaftlicher Disziplinen und ist keinesfalls ausschließlich Gegenstand der Geographie. Neben der Geographie sollen hier im gesellschaftswissenschaftlichen Bereich nur die Territorialökonomie, die Soziologie und die Architektur, im naturwissenschaftlichen Bereich der Biowissenschaften, die Geologie und die Meteorologie genannt werden.

Wie häufig bei der Erforschung sehr komplexer Probleme, an der verschiedene Wissenschaften beteiligt sind, läßt sich auch in diesem Fall der spezifische Bereich *geographischer* Forschungen nicht immer eindeutig bestimmen. Die Geographie übernimmt einerseits Erkenntnisse und Methoden anderer Wissenschaften und dringt mitunter in Aufgabengebiete vor, die traditionell Gegenstand anderer Disziplinen waren. Umgekehrt nutzen auch andere Wissenschaften Erkenntnisse und Methoden der Geographie und bearbeiten Fragen, mit denen sich früher vorwiegend die Geographie beschäftigte. Diese Tendenzen widerspiegeln im speziellen Fall den Prozeß der Integration der Wissenschaften, der unter unseren gesellschaftlichen Bedingungen durch die bewußte Entwicklung problemorientierter, interdisziplinärer Forschungen planmäßig gestaltet werden muß.

Interdisziplinäre Forschung führt nach den bisherigen Erfahrungen jedoch nur auf der Grundlage der wissenschaftlichen Weiterentwicklung jeder der beteiligten Disziplinen zu Ergebnissen von hoher Qualität. Deshalb kommt der theoretischen und methodologischen Vervollkommnung der Geographie selbst große Bedeutung zu. Das spezifisch Geographische ist nach Meinung des Verfassers vor allem in einer synthetischen, gebietsbezogenen Betrachtungsweise zu sehen, die langfristig immer mehr auf das Erfassen aller wesentlichen Zusammenhänge im Territorium hinzielt. In ihrer historischen Entwicklung hat die Geographie gerade dazu Methoden ausgearbeitet, die auf ihre weitere Tragfähigkeit überprüft und entsprechend den neuen Anforderungen weiterentwickelt werden müssen. Die Tatsache, daß in der Geographie sowohl gesellschafts- als auch naturwissenschaftliche Disziplinen vereinigt sind, bietet für eine solche synthetische Arbeitsweise objektiv günstige Voraussetzungen. Sie werden aber nur dann zu einer wissenschaftlichen Potenz, wenn auch innerhalb der Geographie künftig im Forschungsprozeß eine problemorientierte Zusammenarbeit ökonomisch- und physisch-geographischer Teildisziplinen durchgesetzt wird (vgl. SANKE, 1968; LÜDEMANN, 1969).

Für die Erzielung praxiswirksamer Resultate der Erforschung komplexer Probleme der Territorialstruktur durch die Geographie und mit ihr kooperierende Wissenschaften sind m. E. vor allem zwei Gesichtspunkte besonders zu beachten:

Einmal muß die theoretische Arbeit wesentlich intensiviert werden, um die vielschichtige und sehr komplexe Problematik der territorialen Struktur des gesellschaftlichen Reproduktionsprozesses unter sozialistischen Bedingungen noch besser erfassen zu können. Eine wesentliche Seite dieser theoretischen Arbeit ist die Schaffung von Voraussetzungen für die Modellierung der wichtigsten Beziehungen, d. h. des Wirkungsgefüges der verschiedenen Elemente und Relationen im Territorium. Sowohl im naturwissenschaftlichen als auch im gesellschaftswissenschaftlichen Bereich der Geographie ist gerade in den letzten Jahren ein verstärktes Bemühen um Fortschritte auf diesem Gebiet festzustellen (vgl. u. a. HERZ, 1968; KIND, 1968; RICHTER, 1968).

Damit im Zusammenhang ist eine bedeutende Weiterentwicklung der Forschungsmethoden der Geographie unter Berücksichtigung der internationalen Erfahrungen notwendig. Das betrifft z. B. die verstärkte Anwendung mathematischer Methoden und der elektronischen Datenverarbeitung in der geographischen Forschung, die Ausnutzung der modernen Kartenanalytik und Luftbildinterpretation für die wissenschaftlichen Aufgaben der Geographie und auf lange Sicht wahrscheinlich auch den Einsatz radioaktiver Isotope bei der geoökologischen Erkundung.

Das Geographische Institut der Akademie der Wissenschaften der DDR wird in seiner künftigen Arbeit diesen theoretischen und methodischen Aufgaben besonderes Augenmerk widmen, in enger Verknüpfung mit konkreten Untersuchungen zur Territorialstruktur und der ständigen Überleitung von Teil- und Zwischenergebnissen in die Praxis.

Ungeachtet der Notwendigkeit komplexer Forschungen, die ökonomisch- und physisch-geographische Teildisziplinen der Geographie in enger Zusammenarbeit mit anderen Wissenschaften betreiben müssen, ergeben sich aus den Bedürfnissen der sozialistischen Gesellschaft auch *relativ* selbständige Fragenkomplexe für die gesellschaftswissenschaftliche und naturwissenschaftliche Seite der geographischen Forschung

Für die *ökonomisch-geographische Forschung* sollen aus der Vielzahl nur folgende Gesichtspunkte hervorgehoben werden:

Die ständig fortschreitende Entwicklung der Produktivkräfte in der entwickelten sozialistischen Gesellschaft stellt unter den Bedingungen des wissenschaftlich-technischen Fortschritts neue Anforderungen an die Gestaltung der territorialen Struktur des gesellschaftlichen Reproduktionsprozesses. Wie international zu beobachten, wird das wahrscheinlich auch in der DDR langfristig zu bedeutenden Änderungen in der territorialen Struktur führen.

Die ökonomisch-geographische Forschung muß deshalb dazu beitragen, die langfristig wirkenden wichtigsten Entwicklungstendenzen der Territorialstruktur der

DDR als Ganzes und in den einzelnen Gebietstypen zu erkunden, die diese Entwicklung auslösenden Faktoren zu ermitteln und Formen der rationellsten territorialen Organisation zu erkunden, die die Vorzüge der sozialistischen Gesellschaftsformation voll zur Wirkung bringen.

Nach allen bisherigen Untersuchungen in der DDR und einer Reihe internationaler Vergleiche wird die Entwicklung der Territorialstruktur künftig durch eine langfristige Tendenz zu weiterer räumlicher Konzentration der Produktion und des gesellschaftlichen Lebens bestimmt sein. Viele damit verbundene Probleme sind bisher nicht genügend erforscht und erfordern auch durch die Geographie neue Untersuchungen zum Prozeß der territorialen (regionalen und lokalen) Konzentration und Kombination, der damit zusammenhängenden Proportionalitätsbedingungen und Grenzwerte der Effektivität, zu den Bedingungen der Mobilität und Disponibilität territorialer Elemente, den Stabilitätseigenschaften territorialer Systeme und anderen Problemen.

Für die *physisch-geographische Forschung* erscheinen folgende Aspekte besonders erwähnenswert:

Das naturgegebene Potential eines Territoriums geht in den gesellschaftlichen Reproduktionsprozeß vor allem als Naturressource ein. Durch die physische Geographie müssen Beiträge zur Erforschung der allgemeinen Leistungsfähigkeit des Naturpotentials unter verschiedenen Anforderungen, die durch die Gesellschaft gestellt werden, der limitierenden Größen, die die Naturpotentiale der Entwicklung des Reproduktionsprozesses in bestimmten Gebieten setzen, und der Voraussetzungen und Bedingungen für die Sicherung bzw. Wiederherstellung eines relativ stabilen Gleichgewichts des Naturhaushalts erzielt werden.

Die Inanspruchnahme der natürlichen Potentiale durch die Gesellschaft ist territorial ebenso stark differenziert, wie es diese Potentiale selbst sind. Auf der Grundlage von theoretischen Untersuchungen genereller Art müssen die Möglichkeiten, Bedingungen und Grenzen der Nutzung dieser natürlichen Potentiale bzw. der Belastung des Naturhaushalts vor allem in den Gebieten komplex untersucht werden, die durch weitere Industrieal isierung und Urbanisierung bedeutenden Veränderungen ausgesetzt sein werden. Besonders erscheint es notwendig, die Faktoren zu untersuchen, die bei Eingriffen durch die Gesellschaft das Gesamtsystem des Naturhaushalts am stärksten beeinflussen. In diesem Zusammenhang müssen die Stabilitäts- und Lokalitätseigenschaften sowie die ökologische Varianz der Geo-Ökosysteme erforscht sowie Möglichkeiten und Aufwand von gezielten Veränderungen der Naturräume und ihrer Potentiale zur Erhöhung ihres Nutzungswertes bzw. ihrer Belastbarkeit erkundet werden.

Um einen konzentrierten Einsatz des Forschungspotentials zu sichern, wird sich das Geographische Institut der Akademie der Wissenschaften der DDR in den nächsten Jahren bei den konkreten Forschungsarbeiten zu den oben genannten Problemkreisen vor allem auf folgende Aufgabengebiete konzentrieren:

a) Forschungen zur Siedlungsstruktur der DDR, beginnend mit Untersuchungen der vielfältigen Wechselbeziehungen zwischen den städtischen Zentren im Siedlungsnetz und ihrem engeren und weiteren Umland.

b) Forschungen zur Schaffung geoökologischer Grundlagen für die rationelle und störungsfreie Nutzung der Naturpotentiale in der DDR.

c) Forschungen auf dem Gebiet der thematischen Kartographie, insbesondere zur Weiterentwicklung der Karte als Grundlage für Forschung und Planung auf dem Gebiet der Umweltgestaltung und des Umweltschutzes.

Dabei wird durch das Geographische Institut der Akademie der Wissenschaften eine enge Verknüpfung dieser drei Aufgabengebiete angestrebt, zum Beispiel durch eine integrierte Forschung von ökonomischer und physischer Geographie in einzelnen Testgebieten.

Im Zusammenhang mit der zukünftigen Entwicklung der Geographie in der DDR ist eine enge kollegiale Zusammenarbeit zwischen dem Geographischen Institut der Akademie und den geographischen Sektionen bzw. Fachbereichen an den Universitäten und Hochschulen von besonderer Bedeutung. Wie auf einer Ideenkonferenz zur Prognose der Geographie im Juni 1970 herausgestellt wurde, kann insbesondere die geographische Forschung in der DDR ihrem gesellschaftlichen Auftrag nur gerecht werden, wenn eine enge wissenschaftliche Kooperation der verschiedenen geographischen Einrichtungen herbeigeführt wird. Darauf wies bereits SANKE hin, der gleichzeitg betonte, daß das Geographische Institut der Akademie der Wissenschaften für die geographische Forschung in der DDR Leitfunktionen übernehmen solle (SANKE, 1968, S. 30—31).

Durch eine solche enge kooperative Zusammenarbeit werden wichtige Voraussetzungen geschaffen, damit die Geographie durch ihre Forschungen dazu beiträgt, in der notwendigen hohen Qualität und den objektiv gesetzten Fristen wissenschaftlichen Vorlauf für die territoriale Planung und die mit ihr in enger Beziehung stehenden Probleme der sozialistischen Landeskultur zu schaffen.

Es kommt vor allem darauf an, gemeinsam einen problemorientierten, konzentrierten und rationellen Einsatz des Forschungspotentials der Geographie über die Instituts- bzw. Sektionsgrenzen hinaus vorzubereiten. Das ist bei den begrenzten Forschungskapazitäten in den einzelnen geographischen Institutionen der einzige Weg, um für die Lösung von Schwerpunktaufgaben leistungsfähige Kollektive einsetzen zu können, in denen die für die jeweilige Aufgabe befähigsten Wissenschaftler zusammenwirken. Damit erhält zugleich auch die notwendige interdisziplinäre Zusammenarbeit der Geographie mit anderen Wissenschaften bei der Lösung komplexer Probleme eine bessere Grundlage. Ferner werden dadurch Voraussetzungen geschaffen, die für die Anwendung moderner Forschungsmethoden erforderlichen Grundfonds durch kooperative Nutzung im Rahmen größerer Einheiten der geographischen Forschung rationell einzusetzen; das kann in einzelnen kleineren Institutionen künftig immer weniger gewährleistet werden. Schließlich werden von einer solchen Kooperation in der Forschung auch wichtige Impulse für die Lehrtätigkeit an den Universitäten und Hochschulen sowie für die Öffentlichkeitsarbeit der Geographie ausgehen.

Literatur

BERNAL, J. D., Die Wissenschaft in der Geschichte. Berlin 1196.

ENGELS, F., Anteil der Arbeit an der Menschwerdung des Affen. Dialektik der Natur, Berlin 1952.

HERZ, K., Großmaßstäbliche und kleinmaßstäbliche Landschaftsanalyse im Spiegel eines Modells. Landschaftsforschung (E. NEEF zum 60. Geburtstag). Petermanns Geogr. Mitt., Ergänzungsheft Nr. 271, Gotha/Leipzig 1968, S. 49—56.

KIND, G., Modellvorstellungen der Entwicklung von Zentralortsystemen. Landschaftsforschung (E. NEEF zum 60. Geburtstag). Petermanns Geogr. Mitt., Ergänzungsheft Nr. 271, Gotha/Leipzig 1968, S. 207—223.

KLARE, H., Die Wissenschaft als entscheidende Produktivkraft der sozialistischen Gesellschaft nutzen. Schriftenreihe des Staatsrates der DDR, Berlin, H. 12 (1970) S. 7—15.

LEHMANN, E., Der Bildungswert der Geographie als Wissenschaft. Geogr. Berichte, Gotha, H. 54 (1970) S. 15—21.

LÜDEMANN, H., Geographische Aspekte der Territorialplanung im Sozialismus. Geogr. Berichte, Gotha, H. 52/53 (1969) S. 161—172.

MOHS, G., Geographie und technische Revolution. Sammelband „Geographie und technische Revolution", Gotha 1967.

RICHTER, H., Beitrag zum Modell des Geokomplexes. Landschaftsforschung (E. NEEF zum 60. Geburtstag). Petermanns Geogr. Mitt., Ergänzungsheft Nr. 271, Gotha/Leipzig 1968, S. 39—48.

RICHTER, H., Landeskultur und Territorialprognose. Symposium „Sozialistische Landeskultur und Pflanzenproduktion", Halle 1970, S. 67—79.

ROOS, H. und LÜDEMANN, H., Zu den neuen Aufgaben der ökonomisch-geographischen Forschung. Z. für den Erdkundeunterricht, Berlin, H. 3 (1964).

SANKE, H., Entwicklungsprobleme der geographischen Wissenschaften, Sitzungsberichte der Deutschen Akademie der Wissenschaften, Klasse für Philosophie, Geschichte, Staats-, Rechts- und Wirtschaftswissenschaften, (1968) Nr. 9.

STEENBECK, M., Enge Zusammenarbeit von Natur- und Gesellschaftswissenschaftlern und Verstärkung der Arbeit an der Basis erforderlich. Schriftenreihe des Staatsrates der DDR, Berlin, H. 12 (1970) S. 65—69.

Dokumente des VIII. Parteitages der SED. Berlin 1971.

Gesetz über die planmäßige Gestaltung der sozialistischen Landeskultur in der DDR vom 14. Mai 1970. In: Aus der Tätigkeit der Volkskammer und ihrer Ausschüsse. Berlin 1970, H. 18. S. 78—106.